DIE ERDBEWEGUNG

BEI

INGENIEURARBEITEN

UNTER BESONDERER BERÜCKSICHTIGUNG DER
AUSFÜHRLICHEN VORARBEITEN SOWIE DER ABRECHNUNG

FÜR

TRASSIERUNG VON STRASSEN, EISENBAHNEN UND ANDEREN VERKEHRSWEGEN

———

VON

ING. KARL ALLITSCH

K. K. PROFESSOR IN INNSBRUCK
EMER. OBERINGENIEUR UND BEH. AUT. UND BEEID. GEOMETER

———

MIT 10 ABBILDUNGEN IM TEXT

MÜNCHEN UND BERLIN
DRUCK UND VERLAG VON R. OLDENBOURG
1908

Vorwort.

Die freundliche Aufnahme und zustimmende Beurteilung, welche seitens der Kollegen und der Fachpresse nicht nur meine erste Studie über Erdarbeiten: »Ein neues graphisches Verfahren zur Ermittlung der Querschnittsflächen der Kunstkörper im Eisenbahn- und Straßenbau«, Wien 1903, sondern auch noch eine Reihe späterer Publikationen in der »Österr. Wochenschrift f. d. öffentl. Baudienst«, Wien, dem »Zentralblatt der Bauverwaltung«, Berlin, der »Rundschau für Technik und Wirtschaft«, Prag, u. a. m. gefunden hat, veranlaßt mich, vorliegende Arbeit durch die Veröffentlichung weiteren technischen Kreisen zugänglich zu machen.

Seit der im Jahre 1847 verstorbene bayerische Ingenieur August Bruckner die graphische Massenverteilung, das sogenannte »Massennivellement«[1], ersonnen hatte, welches weiterhin von verschiedenen Fachmännern, so insbesondere Bauernfeind, Culmann, Eickemeyer, Winkler, Launhardt und Goering[2] vervollkommnet wurde, und seitdem die unschätzbaren Vorteile des zeichnerischen Rechnungsvorganges gegenüber dem Zahlenrechnen immer deutlicher hervortraten, war nur mehr ein Schritt bis dorthin, wo für die gesamten, bei der Bodenbewegung nötigen Untersuchungen anstelle der analytischen Berechnung nur graphische Verfahren gesetzt werden.

Leider wird aber selbst heute noch das zeichnerische Rechnen vielfach nicht nach Gebühr gewürdigt, was bloß darauf zurückgeführt werden kann, daß die Kenntnis dieser Methoden keine genügend verbreitete ist, denn ein Übersehen oder Verkennen der erzielten Vorteile ist bei der praktischen Anwendung so gut wie ausgeschlossen; nur so läßt es sich erklären, wenn immer noch da und dort Vorschläge und Schriften auf-

---

[1] Bauernfeind, »Vorlageblätter zur Straßen- und Eisenbahn-Baukunde mit erläuterndem Texte und einer Abhandlung über Erdabgleichung und Transportweiten«, München 1856.

[2] Culmann, »Graphische Statik«, 2. Aufl., Zürich 1874 (1. Aufl. 1866). — Eickemeyer, »Das Massennivellement und dessen praktischer Gebrauch«, Leipzig 1870. — Winkler, »Vorträge über Eisenbahnbau«, Heft V, »Der Eisenbahn-Unterbau«, 3. Aufl., Prag 1877. — Launhardt, »Das Massennivellement«, 2. Aufl., Hannover 1877. — Goering, »Massenermittlung, Massenverteilung und Transportkosten der Erdarbeiten«, 5. Aufl., Berlin 1907.

tauchen, die zur Ermittlung und Veranschlagung der Erdbewegung Zahlentabellen empfehlen, welche bekanntlich nicht allein in ihrer Herstellung und Benützung unendliche Mühe erheischen, sondern überdies noch die allgemeine Gültigkeit der graphischen »Profilmaßstäbe« vermissen lassen. Hat sich doch selbst die gewiß streng objektive Schriftleitung des »Zentralblatt der Bauverwaltung« veranlaßt gefühlt, auf eine Einsendung hin, welche die Benützung einer Tabelle als sicherste und bequemste Art der Flächenbestimmung bezeichnet, 1900, S. 404 für die zeichnerischen Verfahren einzutreten.

Aber selbst abgesehen von der Zeitersparnis, der verringerten Mühe und der sicheren, jeden Irrtum ausschließenden Arbeit des graphischen Flächenrechnens, ist dieses auch die logische und ganz selbstverständliche Grundlage für das Massennivellement, da es Werte liefert, mit denen sofort weitergearbeitet werden kann, ohne sie erst von der Ziffer in die Strecke umwandeln zu müssen.

Solange man sich dieser Anschauung nicht angeschlossen hat, werden auch fernerhin der »geschriebene Höhenplan« (Längenprofil), die »Flächentabelle« usw. ihr Unwesen treiben und das Massen- oder Verteilungsprofil ist dann immer nur als eine, dem ganzen Gefüge der Rechnung zuwiderlaufende Darstellung mit scheelen Augen betrachtet, die überflüssige Mehrarbeit fordert und daher lieber vermieden wird. Damit bleiben aber auch sämtliche Vorteile des genialen Brucknerschen Massennivellements unausgenützt, da keine analytische Festlegung der günstigsten Massenverteilung ihm auch nur halbwegs ebenbürtig gegenübergestellt werden kann.

Mit gutem Vorbedacht wurde einer eingehenden Besprechung der herkömmlichen Kubusformeln der weiteste Raum gegönnt, um an der Hand von praktischen Beispielen und gestützt auf die einschlägige Literatur dem Praktiker deutlich vor Augen zu führen, mit welchen Fehlern er seine Berechnungen bei Anwendung der gebräuchlichen Näherungsformeln ziert, sowie ihn dadurch zu bewegen, vom bisher gegangenen Wege abzuweichen und den hier gewiesenen zu betreten.

Mögen die folgenden Ausführungen dazu beitragen, den Verfechtern des Ziffernrechnens auch ihre letzte Waffe zu entreißen, nämlich den Einwand, daß die graphischen Rechnungsmethoden häufig die Benützung strenger Formeln unmöglich machen und aus dieser Ursache zu Näherungsformeln gegriffen werden müsse, die oft bedeutende Abweichungen vom richtigen Resultate verschulden.

Innsbruck, im April 1908. Prof. **Allitsch.**

Einleitung.

Bei allen Ingenieurarbeiten, die in ihrer Durchführung verbunden sind mit einer einschneidenden Veränderung des natürlichen Geländes, spielt die Erdbewegung für sich stets eine hervorragende Rolle, gleichgültig nun, ob sie selbst Endziel der Ausführung ist oder nur lediglich eine den Endzweck vermittelnde Nebenarbeit bildet. Letzterer Fall ist der weitaus häufigere und tritt dem Ingenieur in mannigfachster Gestalt bei sämtlichen Trassierungsarbeiten von Straßen, Eisenbahnen, Kanälen, bei Flußregulierungen usw. entgegen; immer wieder handelt es sich um Ermittlung des Rauminhaltes eines abzugrabenden oder anzuschüttenden Erdkörpers, der meist nach drei Seiten gesetzmäßig begrenzt ist, — durch die Kunstkörper-Krone, bzw. Sohle und die seitlichen Böschungen, — nach der vierten Seite aber vom natürlichen Boden unregelmäßig abgeschlossen wird.

Die Berechnung solcher Erdmassen vermitteln fast ausnahmslos Näherungsformeln, die zwar seit langem im Gebrauche stehen, in Wirklichkeit aber doch als einzigen Vorteil die Einfachheit für sich haben, mit der sie ein unrichtiges Resultat schaffen. Von verschiedenen Stellen wurde bereits auf ihre Unzulänglichkeit für exakte Arbeiten hingewiesen und mehr als ein Vorschlag zu einer genaueren Berechnungsart ist gemacht worden, ohne aber daß eine von diesen sich in weiteren Fachkreisen hätte Eingang verschaffen können; wohl darum, weil den betreffenden Autoren teils nur die rechnerische Massenermittlung vorgeschwebt ist und sie ihre Formeln danach einrichteten, teils weil diese Berechnungen im allgemeinen doch wieder bloß Annäherungswerte liefern und sich nur in den seltensten Fällen mit den wirklichen Verhältnissen decken. Vielfach hat es aber auch den Anschein, als wollte man jene, die für ausführlichere Arbeiten der gebräuchlichen Näherungsrechnung die Berechtigung absprechen, geflissentlich überhören, um sich nicht am Ende durch die vorgebrachten Tatsachen doch gezwungen zu fühlen, die so bequeme und darum so beliebte Formel beiseite zu legen; anders läßt es sich kaum erklären, daß die »Zeitschrift für Vermessungswesen«[3]) in einem Falle der Erdmassen-Berechnung einer Kleinbahn-Strecke einen Fehler von nahe an 25 v. H., einzig durch die Näherungsformel verschuldet, nachweisen kann.

Den Ausgangspunkt für die allenthalben angewendeten Näherungsformeln zur Raummassen-Ermittlung bildet die Integration; wird ein Körper in seiner Längsrichtung durch unendlich nahe Parallelschnitte vom gegenseitigen Abstande dx in Lamellen mit der Querschnittsfläche $f(x)$ zerlegt, so berechnet sich das Volumen als:

$$V = \int_0^l f(x) \cdot dx \; . \quad . \quad . \quad . \quad . \quad . \quad . \quad . \quad . \quad \text{I)}$$

Ist noch dazu das Gesetz bekannt, nach welchem sich $f(x)$ mit fortschreitendem x ändert, so kann die Integration und damit die Berechnung des Kubus mathematisch genau erfolgen; bei Körpern, die in ihrer Längenausdehnung nach einer Kurve gekrümmt sind, werden die Unterteilungsschnitte radial gelegt, die einzelnen Lamellen als Elemente von Rotationskörpern aufgefaßt und die Entfernungen dx unter Anwendung derselben Formel I) in der Schwerachse gemessen.[4])

Die Praxis behält diesen Rechnungsvorgang im Prinzipe bei und will den Erdkörper auch aus prismatischen Teilstücken, hier jedoch in endlicher Anzahl und von endlichen Abmessungen rechnen; das so erhaltene Annäherungsresultat weicht vom tatsächlichen Werte natürlich um so weiter ab, je weniger die Lamellenzerlegung der ursprünglichen Voraussetzung entspricht, in je größeren Abständen also die Parallelschnitte geführt werden. Von Ausnahmefällen abgesehen, ist die Querschnitts-Änderung des Erdkörpers wegen seiner einseitigen Begrenzung durch das natürliche Gelände keine folgemäßige und rechnerisch ausdrückbare, sondern es muß die Flächenberechnung für jeden Teilungsschnitt einzeln vorgenommen werden, was in der Summe entschieden einem beträchtlichen Zeitverluste gleichkommt; deshalb wird das Streben nach tunlichster Raschheit in der Arbeitsdurchführung möglichst große Lamellenteile begünstigen und so seinerseits die Ungenauigkeit im Schlußergebnisse fördern.

Einer strengen Massenberechnung tut also vor allem eine Formel für den Rauminhalt des nach einer Seite willkürlich begrenzten Erdkörpers not, die zu ihrer zeichnerischen Auswertung derart umgestaltet

---

[3]) »Korrektionen bei Erdmassen-Berechnungen«, Zeitschrift für Vermessungswesen 1897, S. 140.

[4]) Guldinsche Regel.

oder ausgebildet werden muß, daß sie bei der Handhabung jede zeit-
raubende Nebenarbeit vermeidet; die nachstehenden Ausführungen sind
denn in der Absicht geschrieben, zu einer nach jeder Richtung befrie-
digenden Lösung dieser Forderung beizutragen und so dem projektierenden
Ingenieur ein Mittel in die Hand zu geben, selbst bei knapp bemessener
Arbeitszeit ein richtiges Rechnungsergebnis zu erzielen.

Die Untersuchungen sind in der Folge für den praktisch zweifellos
in der Überzahl vorhandenen Fall der Massenermittlung im Anschlusse
an Trassierungsarbeiten von Eisenbahnen oder Straßen durchgeführt, aus
welchem die Anwendung für andere einschlägige Aufgaben nach Analogie
leicht gefolgert werden kann.

Auf den Zweck selbst, dem diese Kubaturs- oder Massenbestimmung
dient, den Massenausgleich, die Berechnung der Gewinnungs-, Förder-
und Deponierungskosten usw., soll vorliegend nicht näher eingegangen
werden.[5]

A. Die üblichen Näherungsmethoden.

Wenn zur Raummassen-Ermittlung am Wesen der Integrationsformel I)
festgehalten und für die praktische Rechnungsdurchführung der Vorgang
bei der Summierung unendlich kleiner Größen — hier Volumselemente —
direkt und ungeändert auf endliche Werte übertragen wird, was fast aller-
orten geschieht, so gelangt man zu einer Zerlegung des betreffenden Erdkörpers (Damm oder Einschnitt) in Sektionen, die entsprechend dem
Volumselemente als Prismen angesehen und auch danach gerechnet
werden. Daß das Prisma eine Körperform ist, die eine Reihe ganz be-
stimmter Forderungen erfüllen muß und gerade darum sehr wenig geeignet
sein kann, an Stelle eines recht unregelmäßig, im Gelände eventuell
sogar windschief begrenzten Körpers gesetzt zu werden, ist ohne Beweis
klar und eben in dieser Ungereimtheit liegt die Fehlerquelle, die oft
größere Ungenauigkeiten zutage fördert, als der Praktiker bei Anwendung
der Näherungsformel sich gegenwärtig hält.

Formel I) als Grundlage für die Berechnung angenommen, muß
das nächstliegende Bestreben sein, den Querschnittsinhalt des prismatischen
Teilungskörpers, das heißt: dessen Basis, bequem derart festlegen zu
können, daß sein Rauminhalt mit jenem des wirklichen Erdkörpers, den
er ersetzen soll, möglichst gut zusammenstimmt.

---

[5] Diesbezüglich sei auf die bekannte Broschüre: Goering, »Massenermittlung, Massenverteilung etc.« a. a. O. verwiesen.

Am häufigsten dient als Prismen-Grundfläche das arithmetische Mittel zweier aufeinander folgender Querschnitte F_1 und F_2, welches mit deren Entfernung l multipliziert wird[6]):

$$V_1 = \frac{1}{2}\,(F_1 + F_2) \cdot l \;\;\ldots\;\ldots\;\ldots\; \text{II)}$$

Dieser Ausdruck birgt Fehler in sich, die unter Umständen auch für ganz überschlägige Vorarbeiten zu hoch anwachsen können, da sie stets in ein und demselben Sinne und zwar negativ auftreten, sich sonach nie auch nur teilweise aufheben sondern stets summieren.

Wird zwischen zwei benachbarten Querschnitten des Kunstkörpers — vorliegend als Damm vorausgesetzt — das Gelände senkrecht zur Achse desselben von konstantem Gefälle und eben angenommen, so daß

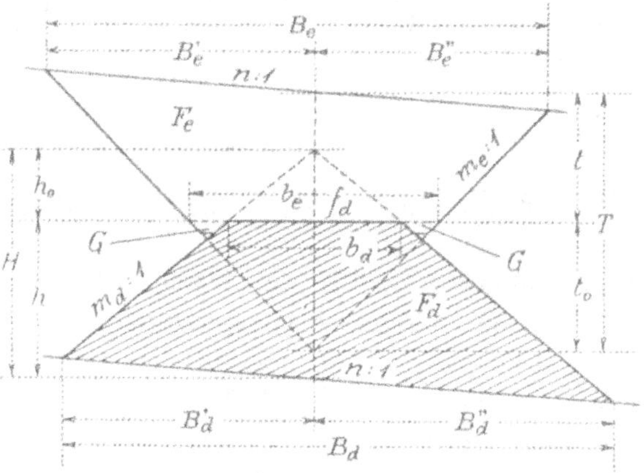

Fig. 1.

im Höhenplane (Längenprofile) die Geländelinie innerhalb der beiden Querprofile als Gerade erscheint und bedeuten in denselben für die weitere Ableitung (siehe Fig. 1):

h_1, h_2 die Höhen des Kunstkörpers in der Achse, :|allgemein h für Damm, t für Einschnitt|:,

h_0 die Höhe des Damm-Ergänzungsdreieckes, :|t_0 dieselbe im Einschnitte|:,

$H = h + h_0$ die ideelle Höhe des zum Dreiecke ergänzten Dammprofiles :|$T = t + t_0$ die ideelle Einschnittstiefe|:,

b_d die Planumsbreite im Auftrag, :|b_e im Abtrag, verlängert bis zu den Böschungen|:,

---

[6]) Siehe: Handbuch der Ingenieurwissenschaften, 1. Teil, I. Band, 4. Aufl., 1. Kapitel, S. 162. — ›Hütte‹, Des Ingenieurs Taschenbuch II, 19. Aufl., 18. Abschnitt, S. 523.

B'_d und B''_d die im Horizonte gemessene Breite des vom Kunstkörper bedeckten Grundstreifens, berg-, bzw. talseits der Achse bei Dämmen, :| B'_e und B''_e bei Einschnitten |:,

m_d die Neigung der Dammböschung, das heißt: die Tangente des Winkels der Dammböschung zur Horizontalen, :| m_e die Neigung der Einschnittsböschung |:,

n die Querneigung des Geländes, das heißt: die Tangente des Gelände-Neigungswinkels,

F_1, F_2 die Flächeninhalte der beiden benachbarten Kunstkörper-Querschnitte, :| allgemein F_d für Damm, in Fig. 1 schraffiert, F_e für Einschnitt, letzterer einschließlich der beiden Einschnittsgräben |:,

f_d die Fläche des Damm-Ergänzungsdreieckes, :| f_e diese im Einschnitte, einschließlich der beiden Einschnittsgräben |:,

F_D die Fläche des zum Dreiecke ergänzten Dammprofiles, :| F_E jene im Einschnitte |: und endlich:

G die Fläche eines Bahn- (Straßen-) Grabens im Einschnitte, so ist, wie leicht abgeleitet:

$$F_d = F_D - f_d = \frac{m_d}{m^2_d - n^2} \cdot (h + h_0)^2 - \frac{1}{m_d} \cdot h^2_0$$

$$:| F_e = F_E - (f_e - 2G) = \frac{m_e}{m^2_e - n^2} \cdot (t + t_0)^2 - \left(\frac{1}{m_e} \cdot t^2_0 - 2G\right) |:$$

Es beträgt daher im hier behandelten Falle der Endquerschnitt:

$$F_1 = \frac{m_d}{m^2_d - n^2} \cdot (h_1 + h_0)^2 - \frac{1}{m_d} \cdot h^2_0 , \quad \text{bzw.}$$

$$F_2 = \frac{m_d}{m^2_d - n^2} \cdot (h_2 + h_0)^2 - \frac{1}{m_d} \cdot h^2_0 \quad \text{und das Volumen}$$

eines von zwei solchen Endflächen im Abstande l begrenzten Anschüttungskörpers nach Näherungsformel II):

$$V_1 = \frac{m_d}{2(m^2_d - n^2)} \cdot [(h_1 + h_0)^2 + (h_2 + h_0)^2] \cdot l - \frac{1}{m_d} \cdot h^2_0 \cdot l,$$

wobei ein absoluter Fehler [7]):

$$\varphi_1 = - \frac{m_d}{6(m^2_d - n^2)} \cdot (h_1 - h_2)^2 \cdot l \quad \text{begangen wird, daher der wahre}$$

Rauminhalt:

$$V = \frac{m_d}{3(m^2_d - n^2)} \cdot [(h_1 + h_2)^2 + 3h_0 \cdot (h_0 + h_1 + h_2) - h_1 \cdot h_2] \cdot l - \frac{1}{m_d} \cdot h^2_0 \cdot l$$

ist.

---

[7]) Für den besonderen Fall: $n = 0$ (horizontales Terrain) wird $\varphi_1 = -\frac{1}{6 m_d} \cdot (h_1 - h_2)^2 \cdot l$; siehe: »Hütte«, a. a. O). S. 523.

Gelten beispielsweise die Zahlenwerte:

$$b_d = 4{,}60 \text{ Meter,} \quad \begin{vmatrix} h_1 = 2{,}-\text{ Meter,} \\ \\ h_2 = 7{,}-\text{ Meter,} \end{vmatrix} \quad l = 40{,}-\text{ Meter,} \quad \begin{vmatrix} u = \dfrac{1}{4}, \\ \\ m_d = \dfrac{1}{1{,}5}, \end{vmatrix}$$

d. i. ein und einhalbfüßige Böschung,

so haftet dem Näherungswerte: $V_1 = 2834$ Kbm

ein absoluter Fehler: . . . . $\varphi_1 = -291$ Kbm   gegenüber dem

richtigen Werte von: . . . . $V = 2543$ Kbm an, ein Fehler, der
bereits den Betrag von 10 v. H. übersteigt; gleichwohl wird sich aber
kaum jemand Bedenken machen, für ein derart gleichmäßig verlaufendes
Gelände eine Querprofils-Entfernung von 40 Meter zu wählen, so daß nicht
zu behaupten ist, es lägen diesem Zahlenbeispiele ausgewählt ungünstige
Annahmen zugrunde; kann doch selbst in manchen Fällen der Fehler
bis zu einem Viertel der gerechneten Erdmasse anwachsen.[8]

Die für Erzielung einer schärferen Rechnung empfohlene Unterteilung des Körpers durch einen Mittelschnitt in zwei Sektionen und
getrennte Berechnung jeder einzelnen vermindert zwar bei einem Näherungswerte $V_1 = 2616$ Kbm den Gesamtfehler, liefert aber mit fast 3 v. H.
Ungenauigkeit noch immer kein befriedigendes Ergebnis, besonders wo
sich mit demselben Aufwand von Mühe und Zeit bereits der vollkommen
genaue Rauminhalt ermitteln läßt.[9]

Eine Reihe anderer Methoden der Massenbestimmung, so jene
durch Planimetrieren[10] des Flächenplanes (Flächenprofiles) oder durch
graphische Ermittlung[11] aus demselben, die sämtlich von Näherungsformel II) ausgehen, bergen natürlich den gleichen Fehler in sich wie diese.

In besserer, jedoch weniger gebräuchlicher Annäherung an den
genauen Volumsinhalt wird unter den oben genannten Bedingungen aus
dem arithmetischen Mittel der Höhen zweier benachbarter Querprofile
$\frac{1}{2}(h_1 + h_2)$ ein mittlerer Schnitt:

---

[8] Siehe Fußnote 3).

[9] Der Fehlerausdruck bei veränderlicher Geländeneigung schafft mit den
gegebenen Größen keine Übersichtlichkeit und wird deshalb hier nicht entwickelt.

[10] Siehe: Handbuch der Ingenieurwissenschaften, a. a. O. S. 163.

[11] Goering, a. a. O., wählt als Maß für den Rauminhalt die vorerst auf
gleiche Basis umgewandelten mittleren Trapezhöhen im Flächenplane und addiert
dieselben graphisch.

Sarvas, »Flächenberechnung«, Zentralbl. d. Bauverw. 1902, S. 598, benützt
zur Erleichterung dieses Vorganges einen Lehrsatz von E. Collignon.

Vgl. auch: Spangenberg, »Zu den Mitteilungen über Flächenberechnung«,
Zentralbl. d. Bauverw. 1903, S. 99.

$$F_m = \frac{m_d}{m^2{}_d - n^2} \cdot \left[\frac{1}{2}(h_1 + h_2) + h_0\right]^2 - \frac{1}{m_d} \cdot h^2{}_0$$

als Basis des stellvertretenden Prismas bestimmt [12]), woraus der Näherungswert:

$$V_2 = F_m \cdot l = \frac{m_d}{m^2{}_d - n^2} \cdot \left[\frac{1}{2}(h_1 + h_2) + h_0\right]^2 \cdot l - \frac{1}{m_d} \cdot h^2{}_0 \cdot l \quad . \quad \text{III)}$$

folgert. [13])

Bei diesem Näherungsausdrucke beläuft sich der absolute Fehler nur auf die Hälfte jenes der Formel II), ist hier aber durchwegs positiv, das Ergebnis mithin stets zu klein; der Fehlbetrag ist für den Fall des innerhalb der Sektion gleichbleibenden Quergefälles im Gelände [14]):

$$q_2 = + \frac{m_d}{12(m^2{}_d - n^2)} \cdot (h_1 - h_2)^2 \cdot l$$

In Zahlen ausgedrückt sind für das früher behandelte Rechnungsbeispiel:

der Näherungswert: . . $V_2 = 2398$ Kbm

und der absolute Fehler: $q_2 = + 145$ Kbm,

das sind mehr als 6 v. H., weshalb es keiner weiteren Beifügung bedarf, um auch die hiemit erzielte Genauigkeit für eine halbwegs streng durchgeführte Berechnung als ungenügend erscheinen zu lassen.

Dieser fragwürdige Erfolg der beiden Näherungsformeln II) und III) bildet den unwillkürlichen Anstoß, nach besseren Ausdrücken für den Kubus des Erdkörpers Umschau zu halten und führte zunächst darauf, anstelle des leidigen Prismas denselben durch einen Pyramidenstumpf zu ersetzen [15]); trifft diese Voraussetzung bei Bahn- und Straßenkörpern auch nur unvollkommen ein, so ist das damit erzielte Schlußergebnis doch schon ein unvergleichlich günstigeres. Brieglei) (siehe Fußnote 15) rechnet hiemit in einem Beispiele die Abtragsmasse auf 0,6 v. H. genau, gegen 6,6 v. H. Fehler bei Anwendung der Formel II). Leider wurde es unterlassen, diese Substitution durch den Pyamidenstumpf derart auszugestalten, daß sie auch eine einfache Flächen- und Massenermittlung auf zeichnerischem Wege ermöglicht, denn in der ge-

---

[12]) Siehe: Handbuch der Ingenieurwissenschaften, a. a. O. S. 162 und 163. — ›Hütte‹, a. a. O. S. 523 und 524.

[13]) Heß, ›Zur graphischen Massenbestimmung von Erdkörpern‹, Österr. Wochenschrift f. d. öffentl. Baudienst 1903, S. 553, verwendet in seinen Ausführungen die Formel III).

[14]) Für $n = 0$ wird $q_2 = + \frac{1}{12\,m_d} \cdot (h_1 - h_2)^2 \cdot l$; siehe: ›Hütte‹, a. a. O. S. 524; vgl. im übrigen Fußnote 9).

[15]) Siehe: Loewe, ›Erdbauprojekte und Bodenberechnungen‹, Liebenwerda 1896, S. 23. — ›Korrektionen bei Erdmassenberechnungen‹, a. a. O. — Briegleb, ›Zur Berechnung von Erdmassen‹, Zentralbl. d. Bauverw. 1904, S 556.

Als Studien über Massenberechnung vergleiche weiters: Dambrowski, ›Inhaltsberechnung bei Erdbauten‹, Leipzig 1876; — Puller, ›Beitrag zur Berechnung der Körper-Inhalte bei Erd- und Mauerarbeiten‹, Zeitschrift des Arch.- und

2*

gebenen Form einer analytischen Rechnung kommt sie für die Zwecke der Praxis so ziemlich außer Betracht.

Den tatsächlichen Verhältnissen am besten entsprechend, weil in den Bedingungen am allgemeinsten gehalten, ist unter sämtlichen Körperformen, die eine formelmäßige Volumsberechnung zulassen, zweifellos das Prismatoid, das in den folgenden Ausführungen als Platzhalter der Kunstkörper-Sektion erprobt werden soll; es ist als Körper definiert, welcher in der Querrichtung abgeschlossen wird durch zwei in parallelen Ebenen gelegene Polygone und seitlich von einer Anzahl Dreiecke begrenzt ist, die durch gradlinige Verbindung der gegenüberliegenden Eckpunkte beider Polygone entstehen. Die in manchen Tabellen [16]) enthaltene Volumsformel für dieses Prismatoid hat sich zur Massenermittlung, bei Erdarbeiten wenigstens, im gebührenden Umfange noch nicht eingebürgert, denn wo immer ihrer in Fachschriften [17]) Erwähnung getan wird, begnügt man sich meist — und wohl mit Unrecht — sie unter Hinweis auf ihre angeblich unhandliche Form schlankweg beiseite zu schieben oder aber sie wieder nur rechnerisch auszuwerten; so sind denn die Körperform selbst wie auch ihre Eigenschaften im weiteren Kreise der Praktiker etwas wenig Geläufiges, weshalb es sich verlohnen dürfte, hier auch die Ableitung des Kubikinhaltes kurz zu streifen.

Ing.-Vereines zu Hannover 1893, S. 549; — Schleiermacher, ›Zur Massenberechnung im Wegbau‹, Zeitschrift f. Mathematik und Physik 1905, S. 208; — ferner die Aufsätze von Puller im ›Zentralbl. d. Bauverw.‹: ›Zur Massenberechnung von Erdarbeiten‹, 1895, S. 10; — ›Beitrag zur Ermittlung des Rauminhaltes von Körpern‹, 1904, S. 342; — ›Inhaltsbestimmung von Wegerampen‹, 1904, S. 598; — ›Zur Erdmassenberechnung‹, 1905, S. 207; — dann die Untersuchungen über das Wilskische Prisma in der ›Zeitschrift für Vermessungswesen‹: Wilski, ›Kubatur eines prismatischen Körpers mit windschiefer oberer Grenzfläche und unregelmäßigem Viereck als Grundfläche‹, 1892, S. 401; — Baur, ›Die Kubatur des Wilskischen Prismas‹, 1893, S. 115; — Vogler, ›Das Wilskische Prisma und die Kubatur der Erdkörper‹, 1905, S. 169; — endlich: Crockett, ›A New Form of Procedure for Earthwork Computations, and a Slide Rule Therefor‹, Engineering News, Vol. LIV, Page 654, New York, 1905; — Crockett, ›Preliminary Earthwork Estimation with the Slide Rule‹, Engineering News, Vol. LVI, Page 504, New York 1906; — Loewe, ›Straßenbaukunde‹, 2. Aufl., S. 184 u. f., Wiesbaden 1906.

[16]) Z. B. ›Österreichischer Ingenieur- und Architekten-Kalender‹; — ›Hütte‹ I, a. a. O.; — Kett, ›Die Flächen- und Körperberechnungen‹, Neustrelitz 1906; u. v. a.

[17]) Zwicky, ›Zur Erdmassen-Berechnung bei Straßen- und Eisenbahnbauten‹, Schweizerische Bauzeitung 1890, Bd. XV, S. 14. — Puller, ›Beitrag zur Berechnung der Körperinhalte bei Erd- und Mauerarbeiten‹, a. a. O. — Loewe, ›Erdbauprojekte und Bodenberechnungen‹, a. a. O. ›Korrektionen bei Erdmassenberechnungen‹, a. a. O. — Gamann, ›Über die Berechnung von Erdmassen und Böschungsflächen‹, Der Kulturtechniker 1907, S. 35.

B. Das Prismatoid.[18])

In Fig. 2 bezeichnen F_1 und F_2 die Flächeninhalte der beiden zu einander parallelen Basispolygone, die im allgemeinen ein z_1-, bzw. z_2-Eck seien, und l deren Normalabstand; ferner F_x den Inhalt eines in der Entfernung x von F_1 geführten Parallelschnittes, wonach laut Formel I) das Volumen sich bestimmt mit:

$$V = \int_0^l F_x \cdot dx.$$

Um die Schnittfläche F_x als Funktion der Schnittdistanz x zu erhalten, denke man sich nach Wahl eines beliebigen Punktes S in F_2 das Prismatoid in folgende Raumteile zerlegt:

A) Eine Pyramide von der Basis F_1 und der Spitze in S; der Parallelschnitt schneidet sie nach der Fläche: $F_1 \cdot \dfrac{(l-x)^2}{l^2}$;

B) z_2 Pyramiden mit den einzelnen in S zusammenstoßenden Teildreiecken des Basispolygones F_2 als Grundfläche und einem Eckpunkte von F_1 als Spitze; Fläche des Parallelschnittes: $F_2 \cdot \dfrac{x^2}{l^2}$;

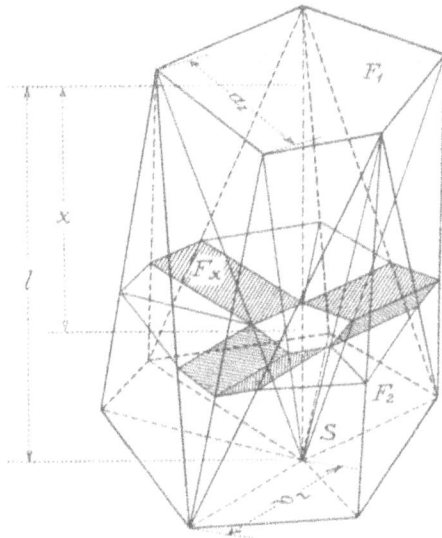

Fig. 2.

C) z_1 Pyramiden mit den Seitenflächen der Pyramide A) als Basis und den Spitzen in Eckpunkten des Polygones F_2; drückt man durch f_x den Inhalt eines Parallelogrammes von den Seitenlängen a_x und b_x aus (siehe Fig. 2) und durch $F = \overset{z_1}{\underset{1}{\Sigma}} f_x$ die Flächensumme dieser z_1 Parallelogramme, so schneidet der Parallelschnitt die Pyramidengruppe C) nach: $F \cdot \dfrac{x \cdot (l-x)}{l^2}$.

---

[18]) Dasselbe wurde zuerst besprochen von Prof. Steiner anläßlich eines Vortrages in der Berliner Akademie der Wissenschaften am 14. Februar 1842; siehe: Crelles Journal der Mathematik; Bd. 23.

Die Gesamtschnittfläche ergibt sich demnach mit:

$$F_x = F_1 \cdot \frac{(l-x)^2}{l^2} + F_2 \cdot \frac{x^2}{l^2} + F \cdot \frac{x \cdot (l-x)}{l^2} \quad \ldots \quad \text{IV)}$$

und das Volumen durch Integration innerhalb der bestimmten Grenzen als:

$$V = \frac{1}{6}(2\,F_1 + 2\,F_2 + F) \cdot l \quad \ldots \ldots \quad \text{V)}$$

Hierin sind F_1, F_2 und F drei dem Prismatoide eigentümliche Konstanten, von denen aber nur die beiden ersteren gegeben sind, die dritte, F, hingegen erst ermittelt werden muß; dies kann mit Hilfe der Formel IV) erfolgen, welche den Wert F aus F_1 und F_2 sowie dem als bekannt vorauszusetzenden Inhalte F_x eines im Abstande x geführten Parallelschnittes angibt.

Am nächstliegenden ist es, zu diesem Ende den in halber Höhe $\frac{l}{2}$ gelegten Mittelschnitt vom Inhalte F_m zu wählen, wodurch:

$$F = 4\,F_m - F_1 - F_2 \qquad \text{und}$$

$$V = \frac{1}{6}(F_1 + 4\,F_m + F_2) \cdot l \quad \ldots \ldots \quad \text{V}^\text{a)} \text{ wird.}$$

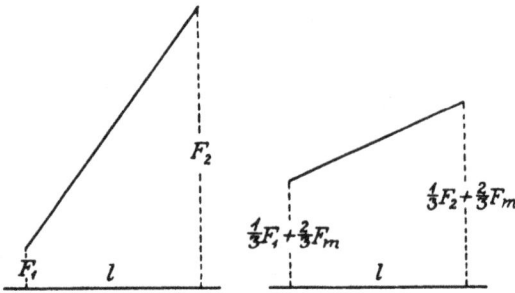

Fig. 3.

An sich sieht dieser Ausdruck wohl kaum so verworren aus, daß er von vorneherein als unhandlich und daher praktisch unverwendbar zu verwerfen wäre, und die Genauigkeit, welche er in der Massenberechnung verbürgt, läßt einen Versuch, ihn zweckmäßig umzubilden, gewiß der Mühe wert erscheinen. In der Schreibart:

$$V = \frac{1}{2}\left[\left(\frac{1}{3}\,F_1 + \frac{2}{3}\,F_m\right) + \left(\frac{1}{3}\,F_2 + \frac{2}{3}\,F_m\right)\right] \cdot l \quad \ldots \quad \text{V}^\text{b)}$$

gleicht der Ausdruck vollkommen der Näherungsformel II) und besagt, daß der Rauminhalt des Prismatoides gleich ist jenem eines Prismas von derselben Höhe und einer Grundfläche, die sich als arithmetisches Mittel der Flächenwerte $\left(\frac{1}{3}\,F_1 + \frac{2}{3}\,F_m\right)$ und $\left(\frac{1}{3}\,F_2 + \frac{2}{3}\,F_m\right)$ darstellt; werden somit diese anstatt der einfachen Kunstkörper-Querschnitte im Flächenplane aufgetragen (siehe Fig. 3), so sind damit die tatsächlichen Raummassen der Auf- und Abträge in Rechnung gestellt, während alle Vorteile der zeichnerischen Massenberechnung aus dem Flächenplane in gleicher Weise aufrecht bleiben, da das übrige Verfahren dadurch in keiner Art prinzipiell geändert wird. Das Auftragen von einem, bzw. zwei Dritteln der Querschnittswerte F_1, F_2 und F_m verursacht durch passende Berücksichtigung im Profilmaßstabe ebenfalls keine Schwierigkeit und es scheint daher der einzige Grund, weshalb Formel V^b) bis nun als für die Praxis unbrauchbar wenig Beachtung gefunden hat, in der notwendigen Kenntnis der Fläche eines Mittelschnittes neben jener der beiden Endquerschnitte zu liegen. Fraglos bedeutet es einen Zeitverlust, wenn für jedes einzelne Kunstkörper-Stück um ein Querprofil mehr ermittelt werden muß, wenngleich diese Mehrarbeit, wie bereits erwähnt, auch zur Erhöhung der Genauigkeit für die Näherungsrechnung nach Formel II) empfohlen wird[19]), dort aber immerhin nur zur Erlangung eines fehlerhaften Resultates führt, also entschieden weniger gerechtfertigt ist als hier.

Eine direkte Bestimmung der Mittelschnittsfläche F_m kann aber gänzlich umgangen und so auch dieses letzte Bedenken gegen die Anwendbarkeit der Formel V^b) zerstreut werden, wenn man vom altherkömmlichen Vorgange einer Flächenberechnung aus Kunstkörper-Höhe und Gelände-Querneigung überhaupt abweicht und von anderen, für jede Trassierung unbedingt notwendigen Größen[20]) ausgeht, was unten noch eingehend erörtert werden soll.

Es erübrigt hier noch jene Grenzen festzustellen, innerhalb welcher man den Rauminhalt des Erdkörpers nach Formel V) im wirklichen Werte ermittelt; diese Begrenzung ist eine sehr weitläufige und wird lediglich durch die Bedingung gezogen, daß außer einem allseits gradlinig abgeschlossenen Querschnitte des Kunstkörpers — eine Forderung, die übrigens jeder Profilmaßstab stellt, — auch der Verlauf der Böschungsfuß-Linien zwischen den beiden Endprofilen gradlinig sei, woraus natürlich bei verschiedenem Quergefälle in denselben die der natürlichen Bodengestaltung möglichst nahe kommende windschiefe Form des Geländes sich ergibt. Versinnlicht wird in diesem allgemeinen Falle die Berechtigung der Prismatoidformel V) am klarsten durch eine gedachte Zerlegung des Geländeschnittes beider Basisprofile in eine beliebige, aber dieselbe Zahl je untereinander gleicher Teile, deren Endpunkte wechselweise miteinander verbunden, das windschiefe Terrain durch ein System von Dreiecken ersetzen (siehe die folgende Fig. 4), welches der ursprünglich aufgestellten Definition des Prismatoides genau entspricht. Die ins Unendliche fortgesetzte Unterteilung der beiden Gelände-Schnittlinien schafft die frühere windschiefe Fläche, deren Erzeugende also eine auf beiden Böschungsfuß-Linien gleitende, zu den Endprofilen stets parallele Gerade ist.

---

[19]) Siehe: Handbuch der Ingenieurwissenschaften, a. a. O. S. 162.

[20]) Vgl.: Allitsch, ›Vom Trassieren mittels der Anschnittslinie‹, Rundschau für Technik und Wirtschaft 1908, S. 8.

C. Der Mittelschnitt.

Der Flächenplan ist nicht die einzige zeichnerische Zusammenstellung, welche bei Trassierungen zur Beurteilung der Linie dient; außer ihm gibt es noch zwei weitere solcher graphischen Behelfe, die wenn auch im allgemeinen von geringerer Wichtigkeit, so doch für die Veranschlagung der Baukosten wie auch für die Schlußabrechnung unerläßlich sind, nämlich die Darstellung des Grunderwerbes und der Böschungsflächen; erstere behufs Ermittlung des vom Kunstkörper beanspruchten und daher einzulösenden Grundstreifens, letztere zur Bestimmung des Ausmaßes und zur Veranschlagung der an Damm- und Einschnittsböschungen noch nötigen Sicherungsarbeiten.

Der Grunderwerb wird am günstigsten ähnlich dem Höhenplane dargestellt durch Auftragen der Grundstreifen-Breiten, die der Kunstkörper links und rechts der Achse bedeckt (siehe Fig. 1), zu beiden Seiten der rektifizierten Trasse, wobei auch die Breiten, so wie dort die Höhen, verglichen mit den Längen in verzehrtem Maßstabe verzeichnet werden. Für die graphische Berechnung der Breiten dienen die Formeln:

$$\text{bei Damm:} \qquad B'_d = \frac{H}{m_d + n}; \qquad B''_d = \frac{H}{m_d - n} \quad \ldots \quad \text{VI)}$$

$$\text{bei Einschnitt:} \qquad B''_e = \frac{T}{m_e + n}; \qquad B'_e = \frac{T}{m_e - n}:$$

Sind diese Werte von vornherein bekannt, so können sie auch zu einer einfachen Berechnung der Querschnittsflächen benützt werden[21]):

$$F_D = \frac{m_d}{m^2_d - n^2} \cdot H^2 = m_d \cdot B'_d \cdot B''_d \quad \ldots \quad \text{VII)}$$

$$:| F_E = m_e \cdot B''_e \cdot B'_e |:$$

Angenommen, es sei bereits die graphische Ermittlung der Breiten B'_d und B''_d :| B''_e und B'_e|: an allen jenen Stellen durchgeführt, für die im Flächenplane die Flächenordinaten aufgetragen sind, und das Grunderwerbs-Graphikon durch eine gradlinige Verbindung der erhaltenen Böschungs-Fußpunkte gezeichnet, welche übrigens den für den prismatoidischen Erdkörper gemachten Voraussetzungen vollkommen entspricht, so wird sich die Flächenbestimmung irgend eines beliebigen Normalschnittes durch den Kunstkörper mit diesem Behelfe nach Formel VII) außerordentlich einfach gestalten, denn wie ein Blick auf die Fig. 4 und 5 lehrt, kann die zugehörige Grundstreifen-Breite aus der graphischen Darstellung sofort in zwei übereinander liegenden Strecken abgegriffen und mit ihrer Hilfe an die Flächenberechnung geschritten werden, ohne

---

[21]) Siehe Fußnote 20).

die weitere Kenntnis der Geländeneigung oder der Kunstkörper-Höhe zu benötigen.

Diese Einfachheit soll nun der zeichnerischen Festlegung der Mittel-schnitts-Fläche und dadurch der genauen Kubatur des Erdkörpers zunutze kommen.

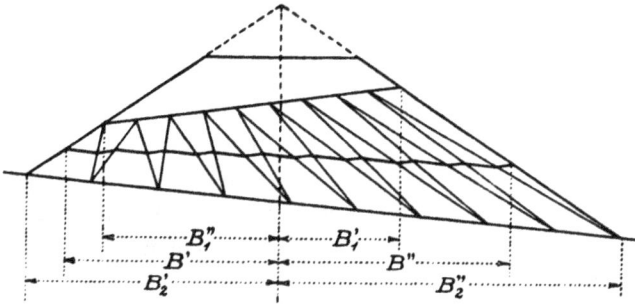

Fig. 4.

Am bequemsten scheint es wohl, die Größen B'_d und B''_d, $:|B''_e$ und $B'_e|:$, durch ein Strahlenbüschel, wie in Fig. 6 gezeigt, zu bestimmen, doch muß für vorliegenden Zweck dieser Vorgang in Anbetracht der ihm

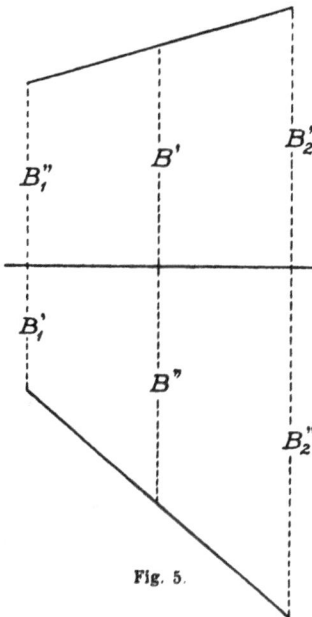

Fig. 5.

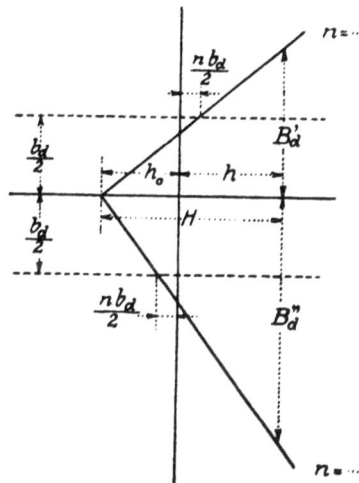

Fig. 6.

anhaftenden Fehlermöglichkeiten verworfen werden. Nicht nur das Zeich-nen des jeder einzelnen Querneigung entsprechenden Strahlenpaares gibt Anlaß zu Ungenauigkeiten, sondern auch das Abgreifen der Werte nach einer Senkrechten, das am einfachsten durch Benützung von Millimeter-

Netzpapier geschehen kann, aber doch zu unsicher ist in dem Falle, als das Resultat erst wieder die Grundlage für eine neue Rechnung bildet. Um die Schärfe dieser Ausgangswerte zu erhöhen, soll für das anzuwendende Verfahren das Lineal überhaupt gänzlich umgangen und das Resultat nur mit der Zirkelspitze gefunden werden, denn ohne Frage liefert die Geometrie des Zirkels die für eine Konstruktion erforderlichen Punkte und daher auch das Schlußergebnis weit schärfer, als dies mit Zirkel und Lineal erreicht werden kann, so daß die Ausschaltung des letzteren gleichbedeutend mit der Ausschaltung einer Fehlerquelle ist.

Zur Erläuterung dieses Verfahrens sowie auch der nachher noch zu besprechenden graphischen Ermittlung der Querschnitts-Flächen aus den beiderseitigen Grundstreifen-Breiten seien folgende geometrische Beziehungen[22]) vorausgesandt:

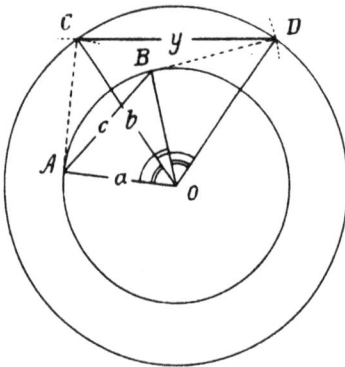

Fig. 7.

Zu Fig. 7: Von einem willkürlich angenommenen Punkte A der Peripherie des Kreises mit dem Radius a wird die Strecke c als Kreissehne nach B aufgetragen und von A und B aus der konzentrische Kreis (Radius b) mit der beliebigen Länge $\overline{AC} = \overline{BD}$ nach demselben Sinne in C und D geschnitten; das Stück $\overline{CD} = y$ stellt dann die vierte Proportionale zu den drei gegebenen Strecken a, b und c vor:

$$a : b = c : y \quad \text{oder} \quad y = \frac{b \cdot c}{a} \quad \ldots \ldots \quad \text{VIII)}$$

$AC = BD$ ist so zu wählen, daß die Schnitte bei C und D möglichst gute werden.

Zu Fig. 8: Der Punkt O auf der Peripherie des Kreises vom Radius r sei Zentrum eines zweiten Kreises vom Radius R; eine im Schnittpunkte S beider Kreise zur Verbindungsgeraden g' ihrer Mittelpunkte o und O Parallele ist im Stücke zwischen ihren Schnittpunkten S und S_1, einerseits mit den Kreisen, anderseits mit der durch O zu g' Senkrechten g_1 gleich der halben Länge der dritten geometrischen Proportionalen zu den beiden Strecken r und R:

$$2 SS_1 : R = R : r \quad \text{oder:} \quad SS_1 = \frac{1}{2r} \cdot R^2 \quad \ldots \ldots \quad \text{IX)}$$

---

[22]) Vgl.: Mascheroni, ›La geometria del compasso‹, 1797. — Frischauf, ›Die geometrischen Konstruktionen von L. Mascheroni und J. Steiner‹, Graz 1869.

Falls $R > 2r$ oder wenn bei S auch nur schleifende Schnitte entstehen, kann man die Konstruktion mit dem Radius $r' = 2r$ (allgemein
mit einem beliebigen Vielfachen von r) durchführen:

$$S'S'_1 = \frac{1}{2r'} \cdot R^2 = \frac{1}{4r} \cdot R^2 = \frac{1}{2} SS_1$$

Die geometrische Beziehung nach **Fig. 7** und Formel VIII) wird
praktisch durch folgende Substitution verwertet:

$$a = m_d + n, \text{ bzw. } = m_d - n; \quad b = H \text{ und } c = 1;$$
$$[a = m_e + n, \text{ bzw. } = m_e - n; \quad b = T]:$$

Die vierte Proportionale nimmt hiebei den Wert:

$$y = \frac{H}{m_d + n} = B'_d, \text{ bzw. } = \frac{H}{m_d - n} = B''_d \quad . \quad . \quad \text{VIIIa)}$$
$$[y = \frac{T}{m_e + n} = B''_e, \text{ bzw. } = \frac{T}{m_e - n} = B'_e]: \text{ an.}$$

Zur graphischen Ermittlung der Breiten B'_d und B''_d : B''_e und B'_e]:
aus Lageplan und Höhenplan zeichnet man also den in **Fig. 9** darge-
stellten »Grundstreifen-Maßstab«; mit dem auf g gewählten Punkte O als
gemeinsames Zentrum werden zwei Systeme von Halbkreisen mit den
Radien $m_d + n$, bzw. $m_d - n$: $m_e + n$, bzw. $m_e - n$]: für eine Anzahl
von Gelände-Querneigungen
geschlagen; je eine durch O
unter etwa 30^0 gegen g ge-
neigte Gerade schneidet diese
Kreise im jeweiligen Punkte A
und $[A]$; von hier aus wird
die konstante Sehne 1 auf
jedem zugehörigen Kreise aufgetragen und durch Verbindung der so gefundenen
Punkte je eine Kurve (strich-
punktiert) erhalten, welche
somit die Kreise nach den
Punkten B und $[B]$ trifft. Mit
der ideellen Dammhöhe H
:[Einschnittstiefe T]:, die dem
Höhenplane durch Abgreifen
bis zu einer der Gradiente im
Abstande h_0 :[t_0]: Parallelen
direkt zu entnehmen ist, wird

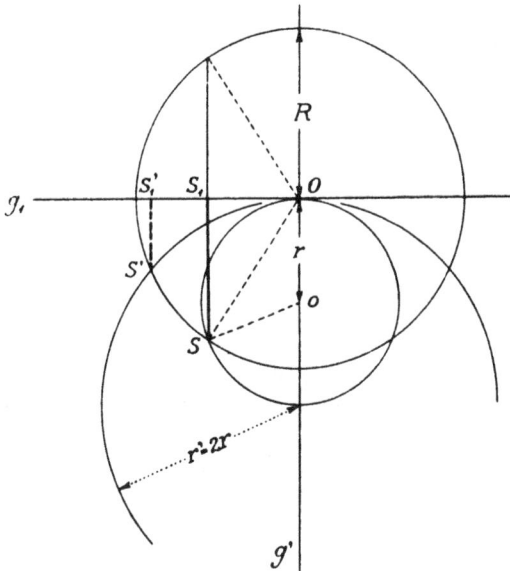

Fig. 8.

vom selben Mittelpunkte O ein Kreis (gestrichelt) gezeichnet und der
besseren Übersicht wegen dessen Schnittpunkt C mit der Geraden g als
gemeinsamer Anfangspunkt der beiden zu ermittelnden Strecken ange-

nommen. Hierdurch sind die sonst willkürlichen Längen $\overline{AC}$ und $\overline{[A]C}$ bereits gegeben und ihr Abschneiden von B, bzw. $[B]$ aus gegen den Kreis vom Radius H liefert mit vollster Schärfe die Punkte D und $[D]$:

$$\overline{CD} = B'_d = \frac{H}{m_d + n} \quad \text{und}$$

$$\overline{C[D]} = B''_d = \frac{H}{m_d - n}$$

Weder das Zeichnen dieses »Grundstreifen-Maßstabes« noch dessen Handhabung erfordert mehr Aufmerksamkeit oder größeren Zeitaufwand als die Benützung der in Fig. 6 angedeuteten Strahlenbüschel. Die Einheits-

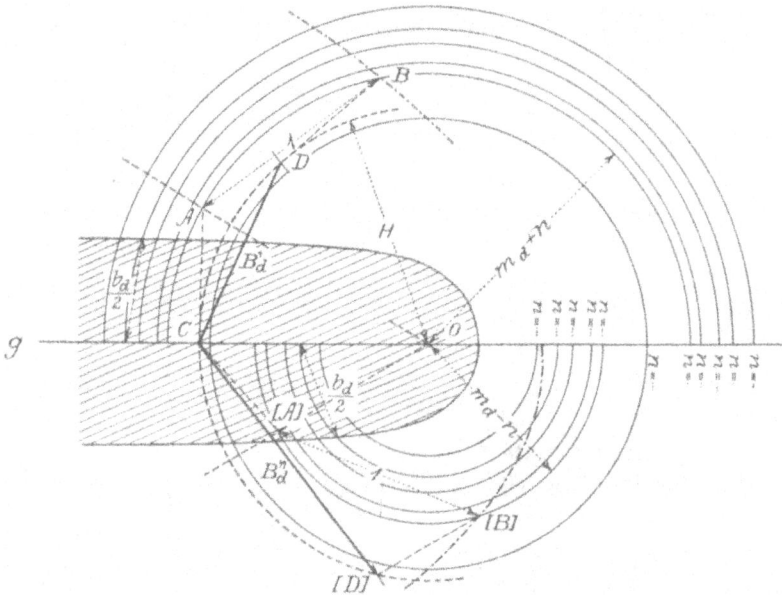

Fig. 9.

länge, auf Grund welcher die Kreisradien $m_d + n$, bzw. $m_d - n :| m_c + n$, bzw. $m_e - n|$ sowie die Sehne $c = 1$ abgegriffen werden, ist vollkommen beliebig, aber für beide Werte a und c gleich zu wählen; die Grundstreifen-Breiten ergeben sich dann immer im Maßstabe der Höhen des Höhenplanes.

Wie alle Profilmaßstäbe nur bis zu einer gewissen kleinsten, bei konstanter Planumsbreite von der Geländeneigung abhängigen Dammhöhe $h_n = \frac{n \cdot b_d}{2}$:| Einschnittstiefe $t_n = \frac{n \cdot b_e}{2}$: ohneweiters Gültigkeit haben, so auch Formel VI) für die Grundstreifen-Breiten; die Gültigkeitsgrenze ist dort erreicht, wo:

$$B'_d = \frac{b_d}{2}, \quad \text{bzw.} \quad B''_d = \frac{b_d}{2};$$

$$:\left| B''_e = \frac{b_e}{2}, \quad \text{bzw.} \quad B'_e = \frac{b_e}{2} \right|:$$

und kann in den »Grundstreifen-Maßstab« auf die in Fig. 9 vermerkte Weise als »Grenzkurve«[23]) leicht eingetragen werden; nur jene Punkte D und $[D]$ sind benützbar, welche außerhalb der schraffierten Fläche fallen.

Um von den Größen B'_d und B''_d : $|B''_e$ und $B'_e|$: eines Querprofiles auf dessen Flächeninhalt überzugehen, schlägt man mit einem der beiden Werte — am besten mit dem größeren, also B''_d : $|B'_e|$: — einen Kreis, welcher die Gerade g_1 (siehe Fig. 10) in O tangiert; eine Parallele zu g_1

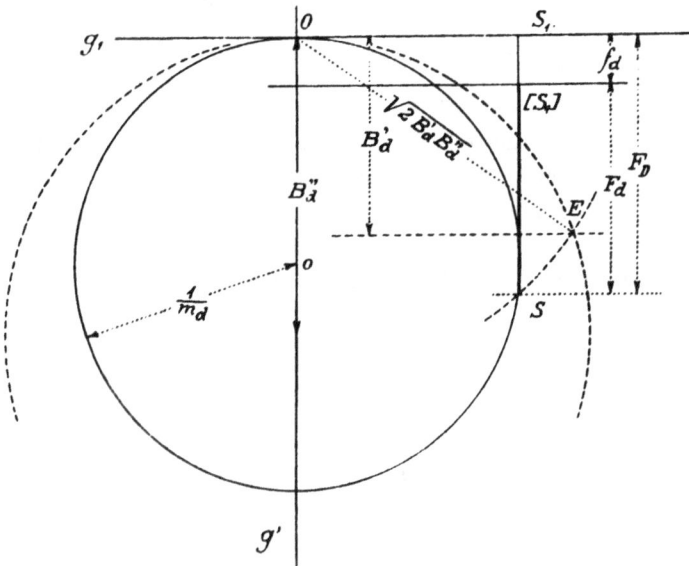

Fig. 10.

im Abstande der andersseitigen — hier bergseitigen :|talseitigen|: — Grundstreifen-Breite B'_d : B''_e|: trifft diesen Kreis in E und es wird nunmehr in Anwendung der aus Fig. 8 abgeleiteten Beziehungen: $OE = \sqrt{2\,B'_d \cdot B''_d}$:$|\overline{OE} = \sqrt{2\,B''_e\,B'_e}\,|$: als Radius R betrachtet, für r hingegen die Länge $\dfrac{1}{m_d}$:$\left|\dfrac{1}{m_e}\right|$: gewählt. Die also bestimmten Kreise mit den Mittelpunkten O, bzw. o schneiden sich in S und eine Ordinate von dort auf g_1 ist ein Maß für:

$$SS_1 = \frac{1}{2\,r} \cdot R^2 = m_d \cdot B'_d \cdot B''_d = F_D \quad \ldots \ldots \quad \text{IX}^\text{a})$$

$$:\left|SS_1 = m_e \cdot B''_e \cdot B'_e = F_E\right|:,$$

[23]) Bezogen auf ein Koordinatensystem vom Ursprunge O und mit g als Abszissenachse lautet die Gleichung der Grenzkurve allgemein: $x^2 + y^2 - x \cdot \sqrt{x^2 + y^2} = C$, oder in Polarkoordinaten: $r^2 \cdot (1 - \cos \varphi) = C$; von derselben Art sind auch die beiden Orte der Punkte B und $[B]$.

womit dieser Profilmaßstab dem Wesen nach schon klargelegt erscheint. Durch Abgreifen der Flächenordinate nur bis $[S_1]$ statt bis S_1 resultiert anstelle der ideellen, d. h. zum Dreiecke ergänzten Dammfläche F_D :|Einschnittsfläche F_E|: bereits die tatsächliche F_d :|F_e|:, die nun unmittelbar in den Flächenplan übertragen werden könnte. Im Profilmaßstabe kommt dies durch eine Parallele zu g_1 in der Entfernung f_d :|$f_e - 2G$|: zum Ausdrucke, welcher Flächenwert ebenfalls zeichnerisch als ideelle Fläche F_D :|F_E|: für $B'_d = B''_d = \dfrac{b_d}{2}$:$\left| B''_e = B'_e = \dfrac{b_e}{2} \right|$: erhalten wird :|bei Einschnitten ist dann noch die doppelte Grabenfläche abzuziehen|:.

Zum Schlusse sei noch einiges über den geforderten Maßstab der Flächeninhalte und dessen Berücksichtigung in der Konstruktion bemerkt. Da der Maßstab der Ordinaten im Höhenplane und demnach auch jener der Grundstreifen-Breiten bereits von Anbeginn fixiert und für den Flächenplan auch nach Gutdünken ein bestimmter Flächenmaßstab vorgeschrieben wird, ist es klar, daß sich aus beiden heraus jene Einheit für $r = \dfrac{1}{m_d}$:$\left| r = \dfrac{1}{m_e} \right|$: ergeben muß, welche den zwei geforderten Maßstäben entspricht.

Ganz allgemein bezeichne:

1 : 1000 p den Maßstab der Dammhöhen H :|Einschnittstiefen T|: im Höhenplane, sowie auch den der Grundstreifen-Breiten B'_d und B''_d :|B''_e und B'_e|:; somit ist: 1 Millimeter Zeichnung = p Meter Natur, während der Maßstab der Damm- :|Einschnitts-|: flächen im Flächenplane: 1 Millimeter Zeichnung = q Quadratmeter Natur sei.

Einer Grundstreifen-Breite von der zeichnerischen Länge B'_d Millimeter und B''_d Millimeter :|B''_e Millimeter und B'_e Millimeter|: entspricht ein Naturmaß von $(p \cdot B'_d)$ Meter und $(p \cdot B''_d)$ Meter :|$(p \cdot B''_e)$ Meter und $(p \cdot B'_e)$ Meter|: und eine ideelle Damm- :|Einschnitts-|: fläche von $(p^2 \cdot m_d \cdot B'_d \cdot B''_d)$ Quadratmeter :|$(p^2 \cdot m_e \cdot B''_e \cdot B'_e)$ Quadratmeter|:, welche dem gewünschten Flächenmaßstabe zufolge als Strecke von $\left(\dfrac{p^2}{q} \cdot m_d \cdot B'_d \cdot B''_d \right)$ Millimeter :$\left| \left(\dfrac{p^2}{q} \cdot m_e \cdot B''_e \cdot B'_e \right) \right.$ Millimeter$\left| \vphantom{\dfrac{p^2}{q}} \right.$: Länge erscheinen soll. Die in der Konstruktion als Flächenwert auftretende Ordinate $\overline{SS_1}$ ist in Millimeter ausgedrückt: $\dfrac{1}{2\,r} \cdot (\sqrt{2\,B'_d \cdot B''_d})^2$:$\left| \dfrac{1}{2\,r} \cdot (\sqrt{2\,B''_e \cdot B'_e})^2 \right|$:, wobei r ebenfalls in Millimeter zu setzen ist. Aus der Gleichstellung der verlangten und der erhaltenen Flächenordinate folgt für r:

$$\frac{p^2}{q} \cdot m_d \cdot B'_d \cdot B''_d = \frac{1}{2\,r} \cdot 2\,B'_d \cdot B''_d$$

$$: \left| \frac{p^2}{q} \cdot m_e \cdot B'_e \cdot B'_e = \frac{1}{2\,r} \cdot 2\,B''_e \cdot B'_e \right| :$$

und daraus dessen Einheitslänge mit:

$$r = \left(\frac{q}{p^2} \cdot \frac{1}{m_d} \right)^{\text{Millimeter}} : \left| r = \left(\frac{q}{p^2} \cdot \frac{1}{m_e} \right)^{\text{Millimeter}} \right| :$$

D. Zusammenfassung.

Bei Trassierung irgend eines Verkehrsweges auf Grund des aufgenommenen Schichtenplanes wird die neue Linie zunächst ihren wirtschaftlichen Aufgaben und den örtlichen Verhältnissen Rechnung tragend skizziert und hierauf nach ihrer Zweckmäßigkeit bezüglich der Baukosten, vor allem der Massenverteilung, untersucht. Dies kann vorerst bloß überschlägig geschehen[24]) und wird erst dann, wenn die Erdbewegung großzügig schon festliegt und die zu fördernden Massen sowie ihre zugehörigen Transportweiten angenähert bekannt sind, eine eingehendere Behandlung zulassen. Es schadet auch nichts, wenn für die einleitenden Arbeiten als Grundlage der Massenberechnung der gewöhnliche Flächenplan dient, der die Raummassen nach Näherungsformel II) liefert. Soll aber in der Folge eine genauere Veranschlagung der notwendigen Erdarbeiten oder nach durchgeführter Bauarbeit die Schlußabrechnung vorgenommen werden, so tritt der hier erläuterte Vorgang einer strengen Massenermittlung in seine Rechte, welcher innerhalb der oben besprochenen, sehr weitläufigen Begrenzung ein fehlerfreies Rechnungsergebnis verbürgt.

Schon bei Konstruktion des gewöhnlichen Flächenplanes kann unschwer darauf Bedacht genommen werden, daß statt der wirklichen Querschnittsflächen nur ein Drittel ihres Wertes als Flächenordinate aufgetragen wird, wofür eine passende Berücksichtigung im Profilmaßstabe genügt und was auch bei der nachfolgenden überschlägigen Massenbestimmung keine Schwierigkeit bietet; welcher aus der großen Zahl von Profilmaßstäben[25]) hiebei Anwendung zu finden hat, mag dem Belieben des einzelnen überlassen bleiben.

---

[24]) Vgl. Heß, ›Zur graphischen Massenbestimmung von Erdkörpern‹, a. a. O. — Allitsch, ›Ein graphisches Verfahren zur direkten Bestimmung der Erdbewegung bei Trassierungsarbeiten‹, Österr. Wochenschrift f. d. öffentl. Baudienst‹ 1907, S. 403. — Allitsch, ›Vom Trassieren mittels der Anschnittslinie‹, a. a. O.

[25]) Siehe: Mathieu, ›Tableaux graphiques faisant connaître sans calculs les surfaces des profils et les cubes des terrassement en terrain incliné‹, Nouvelles Annales de la construction etc., par Oppermann, 1865/66. — Culmann, ›Graphische

Zur genauen Berechnung der Raummassen von Auf- und Abtrag müssen nun die einzelnen Drittel-Ordinaten des Flächenplanes um das zugehörige Stück $\frac{2}{3} F_m$ vergrößert werden, dessen Ermittlung zeichnerisch nach Fig. 10 unter Rücksichtnahme auf die geforderten Zweidrittel-Werte erfolgt. Der ganze Profilmaßstab besteht hier lediglich aus den beiden zueinander senkrechten Geraden g_1 und g', ferner einem Kreise vom

Radius $\dfrac{q}{p^2} \cdot \dfrac{1}{\frac{2}{3} \cdot m_d} : \left| \dfrac{q}{p^2} \cdot \dfrac{1}{\frac{2}{3} \cdot m_e} \right|$, der g_1 in O berührt und der Parallelen

zu g_1 im Abstande $\dfrac{2}{3} f_d : \left| \dfrac{2}{3} (f_e - 2 G) \right|$.

Aus der graphischen Darstellung des Grunderwerbes, die auf angegebene Art verfaßt worden ist, sind an der Stelle jedes Mittelschnittes die beiden Werte für berg- und talseitige Grundstreifen-Breite zu ersehen; der eine der beiden wird in den Zirkel genommen und damit ein Kreisbogen beschrieben, der ebenfalls g_1 in O berührt, und hierauf an seiner

Statik‹, a. a. O. — Winkler, ›Vorträge über Eisenbahnbau‹, a. a. O. — Lichtenfels, ›Berechnung von Einschnitts- und Damm-Inhalten aus dem Längenschnitte‹, Organ f. d. Fortschritte des Eisenbahnwesens 1895, S. 75. — Coulmas, ›Die Ermittlung von Querschnitts-Inhalten von Bahnkörpern‹, Zentralbl. d. Bauverw. 1900, S. 89. — Selle, ›Ein Erdmassen-Maßstab‹, Zentralbl. d. Bauverw. 1900, S. 202. — Puller, ›Ermittlung der Querschnittsinhalte bei Bahnkörpern‹, Zentralbl. d. Bauverw. 1900, S. 403. — Wagner, ›Graphische Ermittlung der Grunderwerbsflächen, Erdmassen und Böschungsflächen von Eisenbahnen und Straßen‹, Stuttgart 1900. — Allitsch, ›Ein neues graphisches Verfahren zur Ermittlung der Querschnittsflächen etc.‹, a. a.O. — Schönhöfer, ›Genaue zeichnerische Ermittlung des Flächenprofiles und des Grunderwerbes‹, Zeitschrift d. Österr. Ing.- u. Arch.-Vereines 1903, S. 134. — Szarvas, ›Genaue zeichnerische Ermittlung etc.‹, Zeitschrift d. Österr. Ing.- u. Arch.-Vereines 1903, S. 246. — Coulmas, ›Beitrag zur Bestimmung von Querschnitts-Inhalten von Bahnkörpern‹, Zentralbl. d. Bauverw. 1903, S. 249. — Allitsch, ›Beitrag zur Konstruktion des Flächenprofiles bei Trassierung von Verkehrswegen mit trapezoidischem Querprofile des Kunstkörpers‹, Österr. Wochenschrift f. d. öffentl. Baudienst 1905, S. 661. — Loewe, ›Straßenbaukunde‹, a. a. O. — Allitsch, ›Zur Ermittlung von Flächenprofil, Grunderwerb und Böschungsausmaß‹, Zentralbl. d. Bauverw. 1906, S. 118. — Goering, ›Massenermittlung, Massenverteilung etc.‹, a. a. O. — Allitsch, ›Zur Herstellung des Flächenprofils auf zeichnerischem Wege‹, Zentralbl. d. Bauverw. 1907, S. 217. — Allitsch, ›Zur Konstruktion des Flächenprofiles bei Trassierungen‹, Österr. Wochenschrift f. d. öffentl. Baudienst 1908. S. 397.

Vgl. ferner auch: Reinhardt, ›Graphische Flächenberechnung‹, Zentralbl. d. Bauverw. 1903, S. 75. — Lademann, ›Verfahren zur schnellen Ermittlung des Längenschnitts von Bahnlinien‹, Zentralbl. d. Bauverw. 1903, S. 156.

Peripherie jener Punkt gesucht, der von g_1 um die andere Grundstreifen-
breite absteht; bei Benützung eines Zeichenpapieres mit vorgedrucktem
Millimeternetze ist dieser Punkt E mit dem Zirkel sofort gefunden. Die
eine Spitze in E festhaltend, wird derselbe jetzt bis O geöffnet und von
dort aus $\overline{OE}$ als Sehne auf dem zuerst geschlagenen Kreise vom Radius

$$\frac{q}{p^2} \cdot \frac{1}{\frac{2}{3} \cdot m_d} : \left| \frac{q}{p^2} \cdot \frac{1}{\frac{2}{3} \cdot m_e} \right| : \qquad \text{nach } S \text{ abgetragen, in } S \text{ mit dem Zirkel ein-}$$

gesetzt, von da bis $[S_1]$ die Strecke:

$$\overline{S[S_1]} = \overline{SS_1} - \overline{S_1[S_1]} = \frac{2}{3}\left[\frac{1}{q} \cdot \left(p^2 \cdot m_d \cdot B' \cdot B'' - p^2 \cdot m_d \cdot \frac{b^2_d}{4}\right)\right] = \frac{2}{3}\left[\frac{1}{q} \cdot F_m\right]$$

(siehe Fig. 4) abgegriffen und zu den beiden entsprechenden Ordinaten
$\frac{1}{3}\left[\frac{1}{q} \cdot F_1\right]$, bzw. $\frac{1}{3}\left[\frac{1}{q} \cdot F_2\right]$ des Flächenplanes zugeschlagen (siehe Fig. 3).

Diese zur Erlangung der Zuschlagsflächen nötigen Handgriffe sind
die denkbar einfachsten und der damit verbundene Zeitverlust ist minimal,
zumal die Aufstellung des Grunderwerbs-Graphikons nicht zu Lasten der
Flächen-, bzw. Massenbestimmung gerechnet werden darf, sondern als
selbständige, an sich schon unerläßliche Arbeit zu betrachten ist, die bei
strenger und bei angenäherter Kubatursberechnung geleistet sein will.
Der nicht mehr kontinuierliche Verlauf des berichtigten Flächenplanes
wirkt auf die weitere Behandlung desselben in keiner Weise störend.

Innerhalb jener Strecken der Trasse, welche selbe sich im Anschnitte
bewegt, ist die Anwendung der Formel IX[a]) und deshalb auch des
Profilmaßstabes für den Mittelschnitt unzutreffend; die einzelnen Über-
gangsprofile zwischen reinem Damm und Einschnitt zeigt bereits der
graphische »Grunderwerbs-Maßstab« durch die Grenzkurve als solche an,
so daß jede Irrung ausgeschlossen ist. Für diese Fälle eigene Mittel-
schnitts-Profilmaßstäbe anzulegen erscheint bei dem Umstande, daß sie
doch unvergleichlich seltener auftreten als der reine Kunstkörper, un-
zweckmäßig und es reicht ein vom Verfasser in der »Österr. Wochenschrift f. d. öffentl. Baudienst« 1905, a. a. O. bekannt gemachter Profilmaßstab, der sowohl für die reine Damm- und Einschnittsfläche als auch
für die Übergangsstücke seine Gültigkeit beibehält, vollkommen aus.

Einer Fehlerquelle wurde noch keine Erwähnung getan, nämlich
des Abgreifens der Sektionslängen l nach der Kunstkörper-Achse (Trasselänge), anstatt nach der Schwerpunktslinie; für die gerade Strecke ist
dies einerlei, in der Kurve aber erwächst hieraus eine Ungenauigkeit,

die sämtlichen Verfahren der Massenberechnung in gleichem Maße an-
haftet. Der Schwerpunkt tritt im Querprofile des Dammes talseits, des
Einschnittes bergseits aus der Planumsachse und bewirkt je nach der
Bogenrichtung der Trasse eine Verlängerung oder Verkürzung der richtigen
Sektionslänge, verglichen mit der zugehörigen Trasselänge; liegt der
Bogenmittelpunkt von der Schwerpunktsseite abgewendet, so tritt der
erste Fall, gegenteilig der zweite ein. Die dadurch hervorgerufene Un-
richtigkeit hat somit den Charakter eines ›unregelmäßigen‹ Fehlers, der
also mit beiden Vorzeichen auftreten und sich daher teilweise in sich
selbst ausgleichen wird. Aus dieser Ursache kann er ohne Bedenken
übergangen werden.